SUITES

A

BUFFON

PLANCHES

INSECTES NÉVROPTÈRES.

PARIS

A LA LIBRAIRIE ENCYCLOPÉDIQUE DE RORET,

Rue Hautefeuille. N° 10 bis.

EXPLICATION DES PLANCHES.

PLANCHE 1re.

Fig.

1. *a*, Yeux; *b*, occiput; *c*, vertex; *d*, front; *e*, épistome; *f*, labre;
    g, 2ᵉ article des palpes labiaux (lobes latéraux de la lèvre);
    h, lèvre; *i*, 1ᵉʳ article des palpes labiaux; *j*, épine labiale (elle
    n'est pas ici le représentant du 3ᵉ article des palpes *k*, qui man-
    que complétement dans cette famille); *l*, antennes; *m*, bord
    postérieur de la tête.

2. *k*, 3ᵉ article des palpes labiaux (les autres lettres indiquent les
    mêmes organes que dans la figure première).

3. *o*, mâchoire; *p*, 1ᵉʳ palpe maxillaire (la galea des Orthoptères, et
    qui, dans les Coléoptères carabides, est considéré comme un
    véritable palpe. Les palpes maxillaires ordinaires ont compléte-
    ment disparu; ce caractère négatif, qui distingue nettement cette
    tribu, est peut-être un fait unique en entomologie parmi des in-
    sectes à mandibules et mâchoires très-développées); *q*, mandi-
    bule (les autres lettres indiquent les mêmes organes que dans les
    figures précédentes).

4. Les lettres indiquent les mêmes organes que dans les figures pré-
    cédentes.

5. Parties génitales externes du mâle (*Gomphus zebratus*); *a*, 2ᵉ seg-
    ment de l'abdomen; *b*, hameçons; *c*, base du pénis; *d*, corps et
    extrémité du pénis; *e*, tubercule abdominal; *f*, lobe génital;
    g, 3ᵉ segment.

6. Parties génitales externes du mâle (*Libellula vulgata*). *h*, arête
    abdominale; *i*, arête ventrale (les autres lettres indiquent les
    mêmes organes que dans la figure précédente); *b*, hameçons; c'est
    par erreur que le graveur n'a pas fait passer l'extrémité d'un
    hameçon sous celle de l'autre).

7. 2° et 3ᵉ segments abdominaux de la *Cordulia œnea*.

8. 2ʳ et 3ᵉ segments abdominaux de la *Libellula vulgata*.

9. Extrémité abdominale de la *Libellula vulgata*, mâle; *a*, dernier
    segment; *b*, valves anales; *c*, pièce sous-stylaire, ou appendice
    inférieur, existant chez les Libellulides, Æchnides et Gomphides;
    d, styles (Libellulides) ou appendices supérieurs.

10. Extrémité abdominale de l'*Anax parisinus* mâle, vue en dessous

Fig.

11. Extrémité abdominale de la *Cordulia ænea*, femelle ; *e*, 9ᵉ segment ; *f*, bord vulvaire prolongé.

12. Extrémité abdominale de l'*Anax formosus*, mâle, vue en dessus.

13. Extrémité abdominale de la *Libellula depressa*, mâle ; *g*, petites valves cachant l'ouverture du méat spermatique.

14. Extrémité abdominale de l'*Anax spiniferus*, mâle, vue en dessous.

15. Extrémité abdominale du *Calopteryx virgo*, mâle, vue en dessous. *b*, valves anales prolongées en forme d'appendices (l'appendice inférieur a tout à fait disparu dans les Agrionides).

16. Extrémité abdominale de l'*Æschna rufescens*, femelle. *i*, valves génitales ; *j*, petit appendice placé vers l'extrémité de ces valves ; *k*, petit pinceau de poils, ou soie, qui termine cet appendice ; *l*, partie saillante du dernier segment, hérissée de petites épines, ou se terminant par une ou deux grandes épines.

17. 9ᵉ segment abdominal de l'espèce précédente. *f*, prolongement vulvaire dépouillé de ses valves.

18. Aile supérieure de Libellulide. *a*, *b*, *c*, *d*, *e*, nervures costale, sous-costale, médiane, sous-médiane, postérieure ; *f*, 1ᵉʳ espace huméral ou 1ᵉʳ espace costal ; *g*, 1ᵉʳ espace cubital, ou 2ᵘ espace costal ; *h*, 2ᵉ espace huméral ; *i*, 2ᵉ espace cubital ; *j*, espace basilaire ; *k*, espace médian ; *l*, triangle ; *m*, autre triangle placé au côté interne du précédent, mais le plus souvent peu régulier ; *o*, les deux rameaux courbes postérieurs ; *p*, rameaux courbes moyens ; *q* (en place de la lettre *q*, le graveur a fait un *g*, qui se trouve entre le *p* et l'*r*, mais l'erreur est facile à reconnaître), rameaux courbes antérieurs ; *r*, ptérostigma.

19. Aile supérieure d'Agrionide ; les lettres désignent les mêmes parties que dans la figure précédente.

PLANCHE **2.**

Nannophya, Acisoma, Zyxomma, Uracis.

1. *a*, *Nannophya pygmæa*; *a*, *a*, le thorax et les ailes grandis. 2. *b*, *Acisoma panorpoïdes*. 3. *c*, *Id. ascalophoïdes*. 4. *d*, *Zyxomma petiolatum*. 5. *e*, *Uracis quadra* ♀ ; *e*, extrémité abdominale avec le prolongement du bord vulvaire.

PLANCHE **3.**

Libellula, Palpoplevra, Diastatops, Macromia.

1. *a*, *Libellula bremii* ♂. 2. *b*, *Palpoplevra vestita* ♂. 3. *c*, *Id. vestita* ♀ (texte *confusa*). 4. *d*, *Diastatops pullata*. 5. *e*, *Macromia trifasciata* ♂ ; *e* appendices grossis.

PLANCHE 4.

GOMPHUS.

Fig.

1. *a*, *Gomphus unguiculatus* ♂; *a*, appendices grossis. 2. *b*, *Id. unguiculatus* ♀. 3. *c*, *Id. occitanicus* ♂; *c*, appendices grossis. 4. *d*, *Id. lefevbrii* ♀.

PLANCHE 5.

GOMPHUS.

1. *a*, *Gomphus flavipes* ♀. 2. *b*, *Id. graslini* ♂; *b*, appendices grossis. 3. *c. Id. zebratus* ♂. 4. *d. Id. pulchellus* ♂. *d*, appendices grossis. 5. *e*, *Id. forcipatus* ♂; *e*, appendices grossis.

PLANCHE 6.

AGRION.

1. *a*, *Agrion najas* ♂. 2. *b*, *Id. lindeni* ♂. 3. *c*, *Id. aquisextanum* ♂. 4. *d*, *Id. scitulum* ♂. 5. *e*, *Id. fonscolombii* ♂. 6. *f*, *Id. bremii* ♂.

PLANCHE 7.

AGRION.

1. *a*, *Agrion pulchellum* ♂. 2. *b*, *Id. puella* ♂. 3. *c*, *Id. hastulatum* ♂. 4. *d. Id. pumilio* ♂. 5. *e*, *Id. pumilio* var. *aurantiacum* ♀. 6. *f*, *Id. elegans* ♂ 7. *g*, *Id. elegans*, var. *aurantiacum* ♀.

PLANCHE 8.

ARGIA, EPHEMERA, NEMOPTERA, PANORPA, BITTACUS.

1. *Argia obscura*. 2. *Ephemera limbata*. 3. *Nemoptera coa*. 4. *Id. pallida*. 5. *Panorpa fasciata*. 6. *Bittacus blanchetti*.

PLANCHE 9.

CORDULECERUS, PUER, ASCALAPHUS HEMEROBIUS, MEGALOMUS.

1. *Cordulecerus surinamensis*. 2. *Puer maculatus* (par erreur *niger*). 3. *Ascalaphus italicus* (par erreur *petagnæ*). 4. *Id. hispanicus*. 5. *Hemerobius erythrocephalus*. 6. *Megalomus phalænoides*.

PLANCHE 10.

NEVROMUS, DILAR, MANTISPA, ASCALAPHUS.

1. *Nevromus* (par erreur *Chauliodes*) *testaceus*. 2. *Id. maculatus*. 3, 4. *Dilar nevadensis* ♂ ♀. 5. *Mantispa semihyalina*. 6. *Ascalaphus hungaricus*. 7. *Id. pupillatus*.

PLANCHE 11.

Palpares, Myrmeleon, Ascalaphus.

Fig.

1. *Palpares radiatus* ♂. 2. *Myrmeleon insignis*. 3. *Ascalaphus corsicus*. 4. *Id. barbarus* (par erreur *ictericus*).

PLANCHE 12.

Boreus, Myrmeleon.

1. *Boreus hiemalis* (figure très-mauvaise et que je n'ai pas citée). 2. *Myrmeleon roseipennis*. 3. *Id. longicaudus* (par erreur *linearis*).

FIN DE L'EXPLICATION DES PLANCHES.

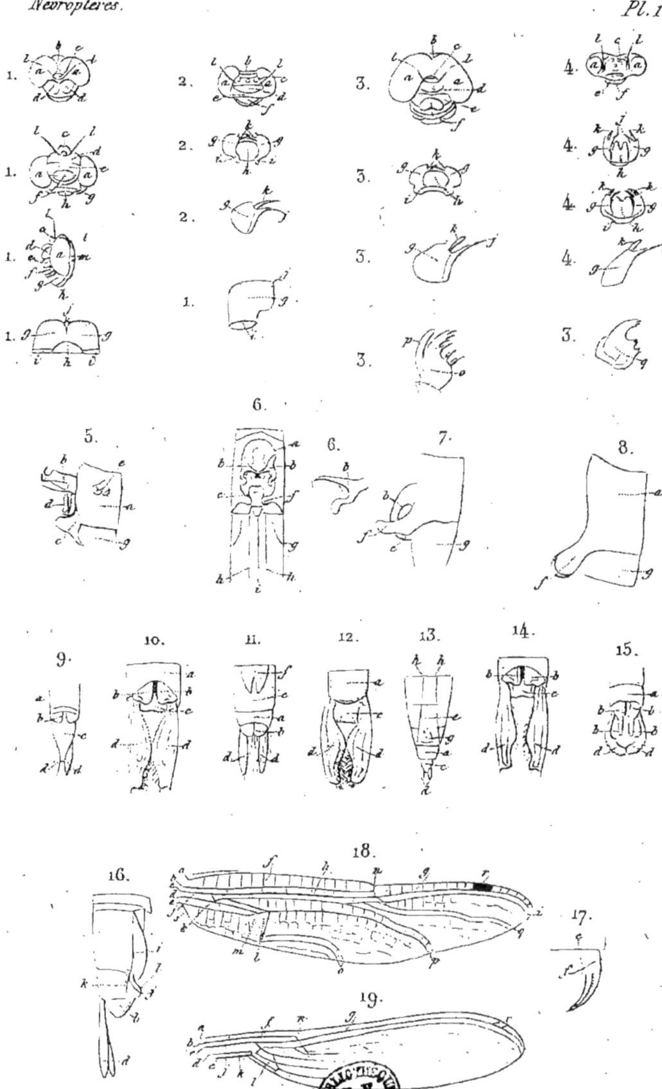

1. Libellulides. 2. Gomphides. 3. Eschnides. 4. Agrionides.
CARACTÈRES.

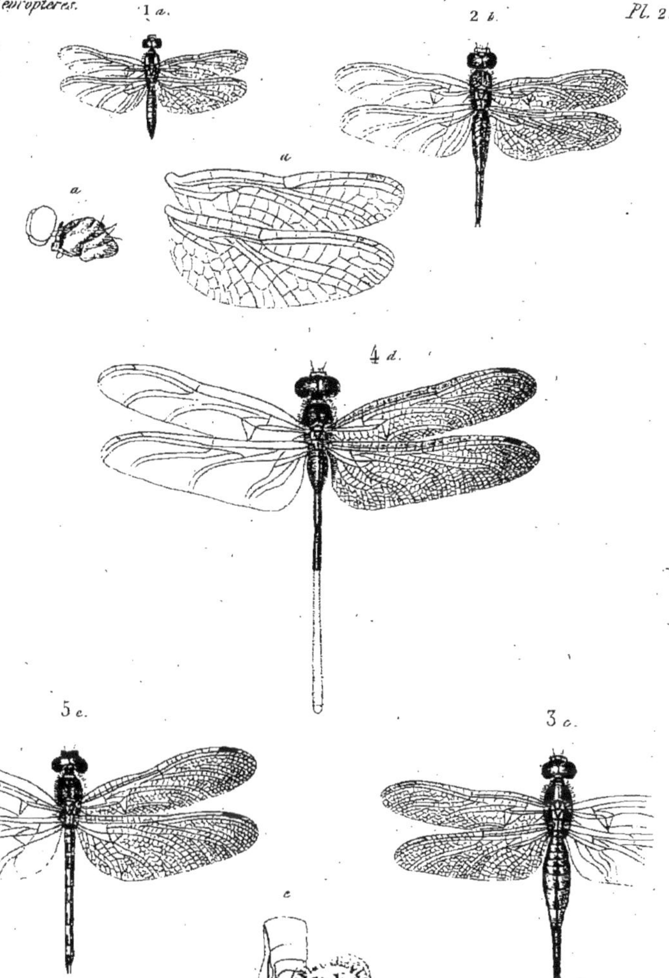

1 a. Nannophia Pygmæa. 2 b. Acisoma Panorpoïdes. 3 c. Id. Ascalaphoïdes.
4 d. Zyxomma Petiolatum. 5 e. Uracis Quadra, ♀.

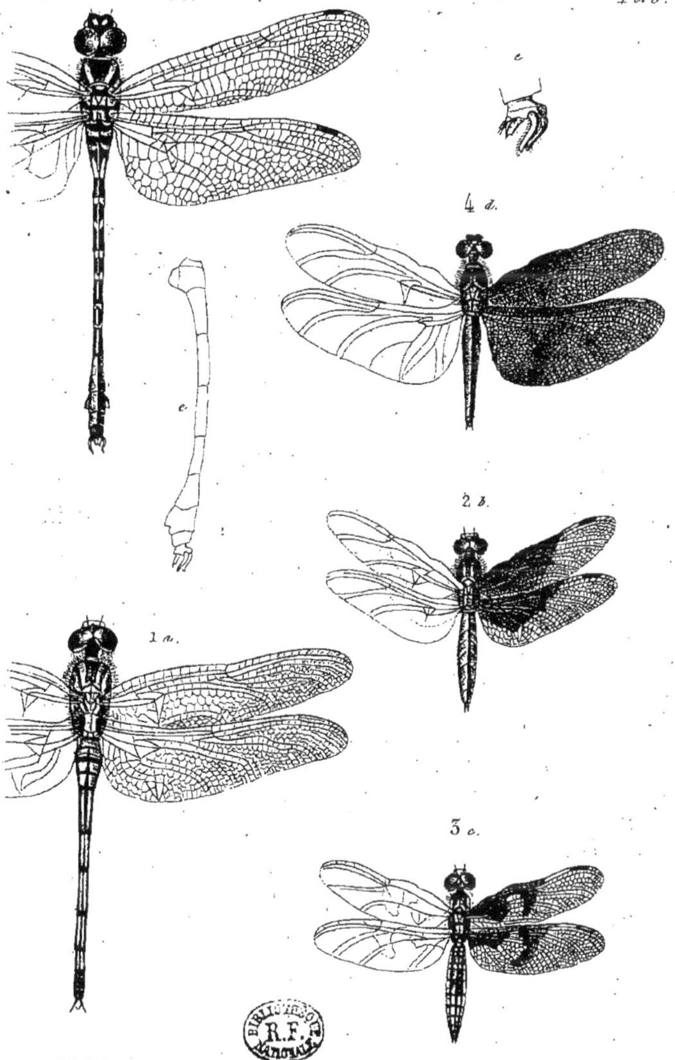

1 a. Libellula Bremii, ♂.   2 b. Palpopleura Vestita, ♂.   3 c. Id. Vestita, ♀. (Texte Confusa).
4 d. Diastatops Pullata.   5 e. Macromia Trifasciata, ♂.

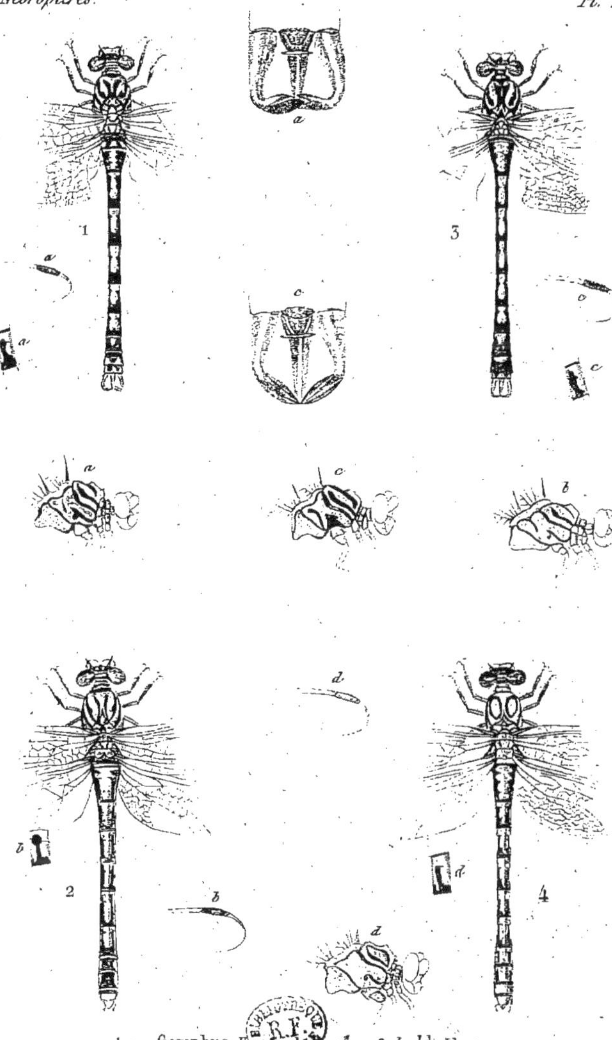

1 a. Gomphus Unguiculatus ♂.   2 b. Id. Id. ♀.
3 c. Id. Occitanicus ♂.   4 d. Id. Lefebvrii ♀.

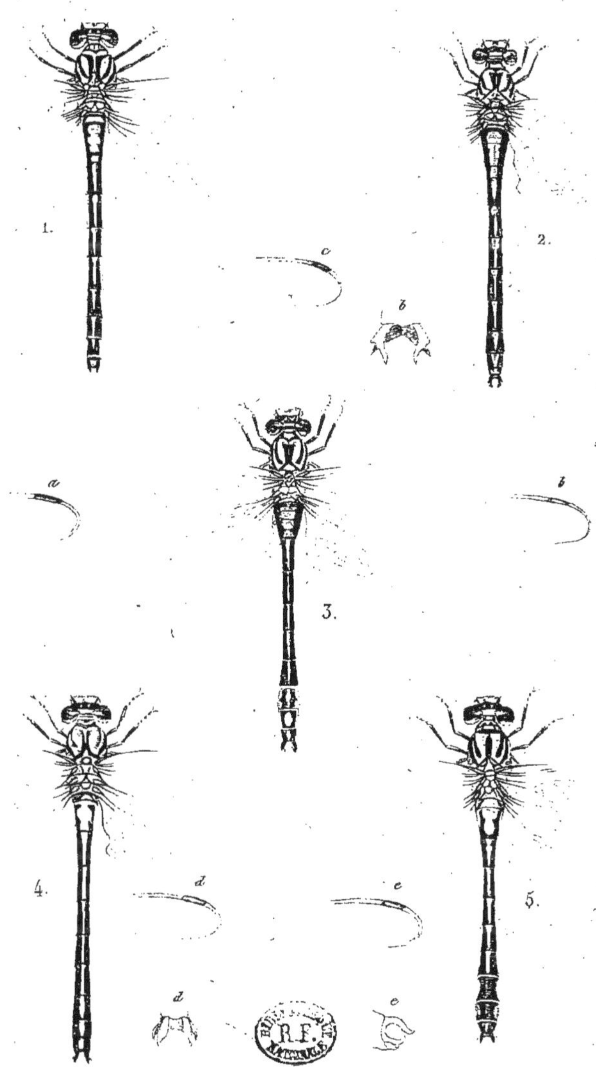

1 *a.* Gomphus Flavipes ♀.   2 *b.* Id. Graslinii ♂.   3 *c.* Id. Zebratus ♂.
4 *d.* Gomphus Pulchellus ♂.   5 *e.* Id. Forcipatus ♂.

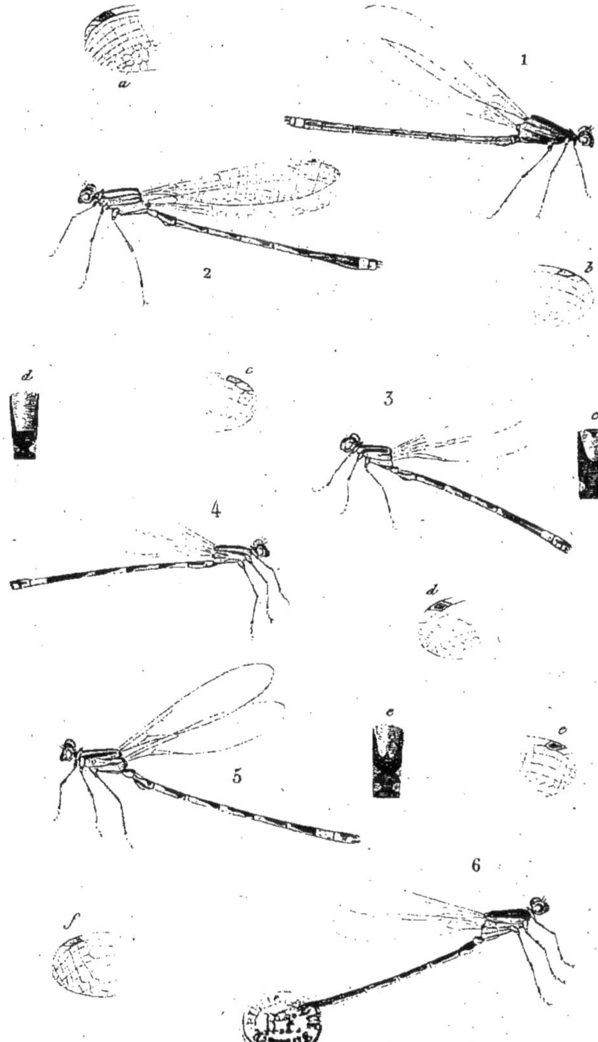

1 *a.* Agrion Najas ♂   2 *b.* Id. Lindeni ♂.   3 *c.* Id. Aquisextanum ♂.
4 *d.* Agrion Scitulum ♂.   5 *e.* Id. Fonscolombii ♂.   6 *f.* Id. Bremii ♂.

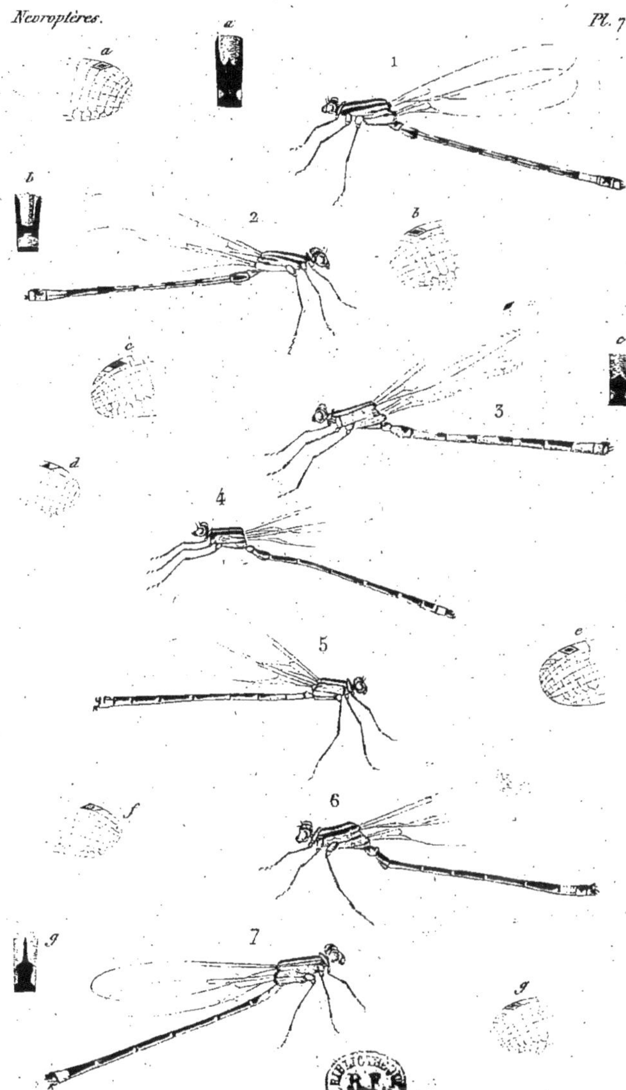

1 *a*. Agrion Pulchellum ♂.   2 *b*. Id. Puella ♂.   3 *c*. Id. Hastulatum ♂.   4 *d*. Id. Pumilio ♂.
5 *e*. Agrion Pumilio *var.* Aurantiacum ♀.   6 *f*. Id. Elegans ♂.   7 *g*. Id. id. *var.* Aurantiacum ♀.

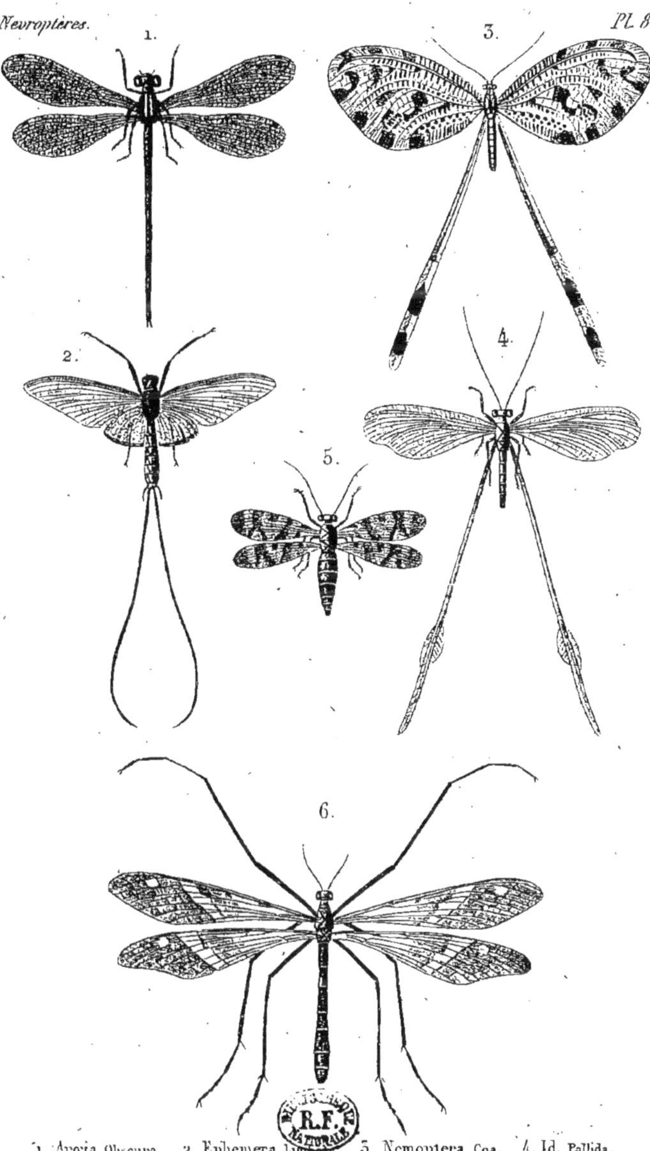

1. Argia Obscura.   2. Ephemera Limbata.   3. Nemoptera Coa.   4. Id. Pallida.
5. Panorpa Fasciata.   6. Bittacus Blanchetti.

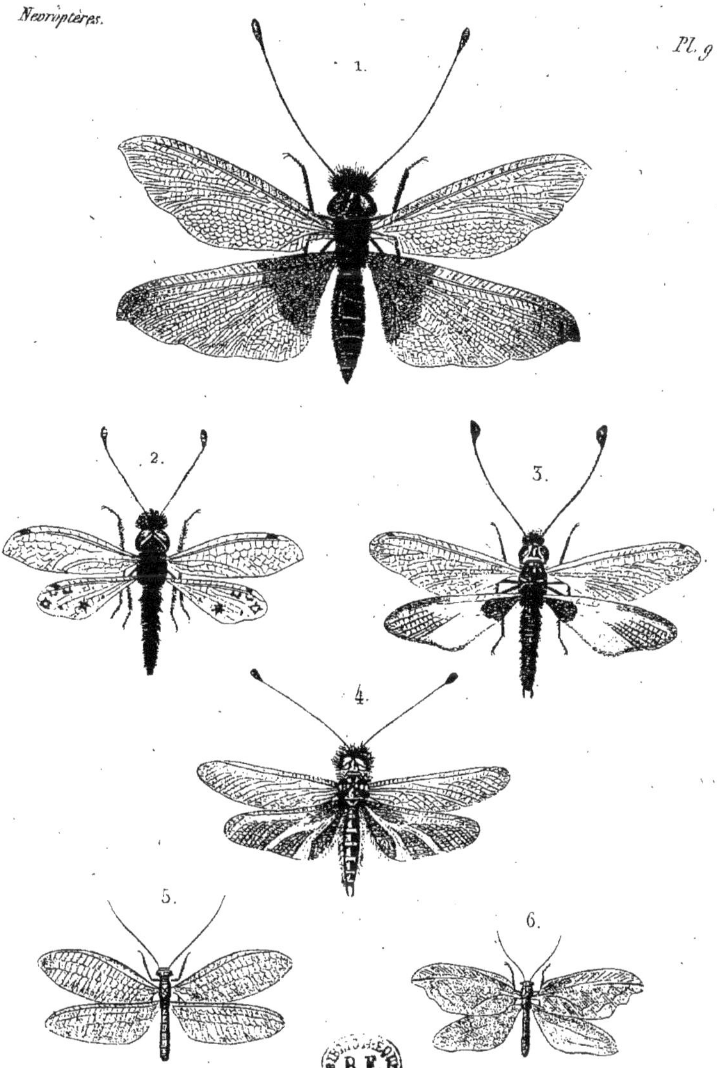

1. Corduleccrus Surinamensis.   2. Puer Niger.   3. Ascalaphus Petagnæ.   4. Id. Hispanicus.
5. Hemerobius Erythrocephalus.   6. Megalomus Phalænoïdes.

1. Chauliodes Testaceus. 2. Id. Maculatus. 3. 4. Dilar Nevadensis ♂ ♀. 5. Mantispa Semihyalina.
6. Ascalaphus Hungaricus. 7. Id. Pupillatus.

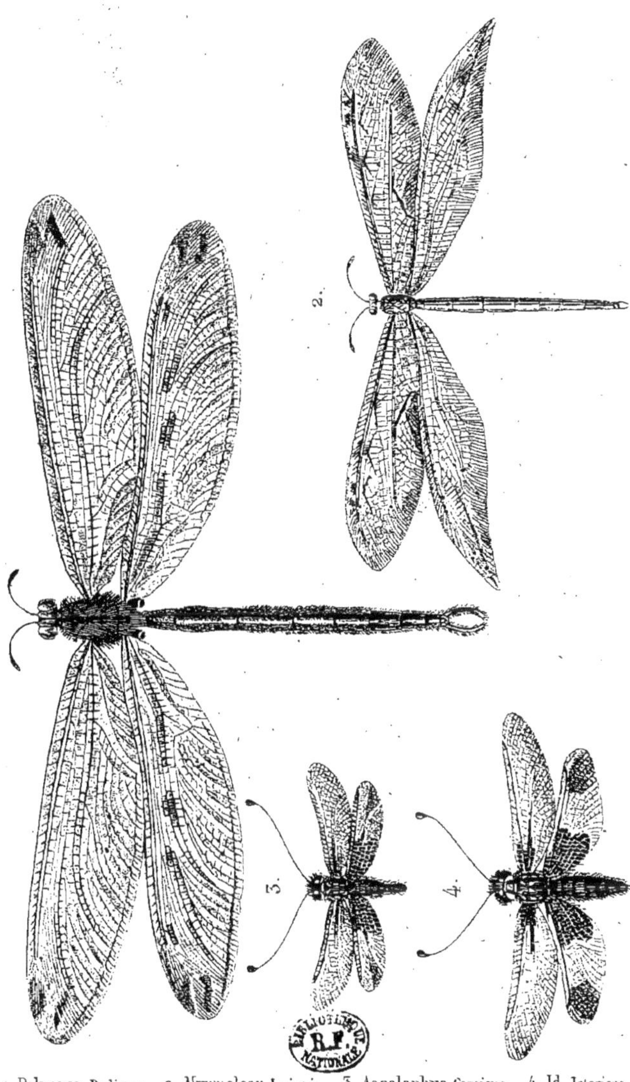

1. Palpares Radiatus. 2. Myrmeleon Insignis. 3. Ascalaphus Corsicus. 4. Id. Ictericus.

1.

2.

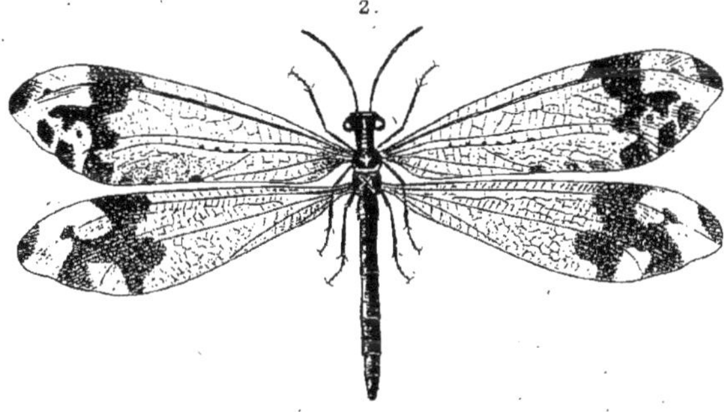

3.

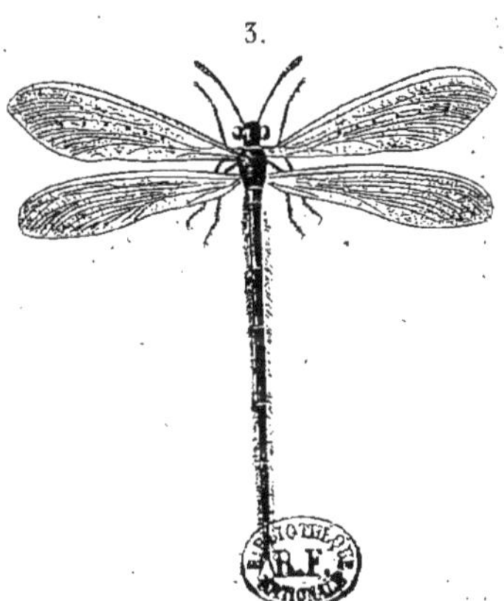

1. Boreus Hiemalis. 2. Myrmeleon Roseipennis. 3. Id. Linearis.

www.ingramcontent.com/pod-product-compliance
Ingram Content Group UK Ltd.
Pitfield, Milton Keynes, MK11 3LW, UK
UKHW021204140726
13695UKWH00005B/2338